Sanjoy Kundu
Mainak Mukherjee

Estudo e projeto de um sistema de transporte por correias em minas de carvão

Sanjoy Kundu
Mainak Mukherjee

Estudo e projeto de um sistema de transporte por correias em minas de carvão

ScienciaScripts

Imprint

Any brand names and product names mentioned in this book are subject to trademark, brand or patent protection and are trademarks or registered trademarks of their respective holders. The use of brand names, product names, common names, trade names, product descriptions etc. even without a particular marking in this work is in no way to be construed to mean that such names may be regarded as unrestricted in respect of trademark and brand protection legislation and could thus be used by anyone.

Cover image: www.ingimage.com

This book is a translation from the original published under ISBN 978-3-659-82078-6.

Publisher:
Sciencia Scripts
is a trademark of
Dodo Books Indian Ocean Ltd. and OmniScriptum S.R.L publishing group

120 High Road, East Finchley, London, N2 9ED, United Kingdom
Str. Armeneasca 28/1, office 1, Chisinau MD-2012, Republic of Moldova, Europe
Printed at: see last page
ISBN: 978-620-8-24900-7

Estudo e projeto de um sistema de transporte por correias em minas de carvão

Sanjoy Kundu[1] , Mainak Mukherjee[2]

[1]B.E Minas, Instituto Indiano de Engenharia, Ciência e Tecnologia, Shibpur Índia

[2]Mestrado em Sistemas de Energia, Universidade de Estudos de Petróleo e Energia, Dehradun Índia

Resumo

A produção mineira consiste em duas coisas principais: a primeira é a preparação do carvão, minério ou minerais e a segunda é o transporte do carvão, minério ou minerais preparados, da mina para a superfície e da superfície para as instalações de processamento. A seleção do sistema de transporte é um fator importante para uma exploração mineira económica. Existem muitos métodos de sistemas de transporte que são utilizados para efeitos de transporte em minas e instalações de transformação, tais como o manuseamento manual, o transporte por meio de lagartas e dumpers e outras máquinas de transporte de grandes dimensões. Mas estes modos de transporte são morosos, mais dispendiosos, têm menos capacidade, não são contínuos por natureza e o transporte de material através de dumpers, carris e outras máquinas de transporte de grandes dimensões são uma grande fonte de poluição ambiental. Por este motivo, o transportador de correia é utilizado como sistema de transporte principal nas minas em que é necessário transportar grandes quantidades de minerais num curto espaço de tempo e de forma económica. O transportador de correia também é importante pela sua fiabilidade e elevada capacidade. Neste artigo, vamos discutir o estudo efectuado e a conceção de correias relacionadas.

Palavras-chave

Mineração de carvão, Transportador de correia, Acoplamento, Cálculo da área de carga, Desenho da correia, Capacidade da correia.

Agradecimentos

Estamos muito gratos aos funcionários da Sarpi Coal Mines, West Bengal ECL, Índia, pela sua orientação e supervisão constante, bem como por fornecerem as informações necessárias sobre o projeto e também pelo apoio na conclusão do projeto.

Gostaríamos de expressar a nossa gratidão para com as nossas instituições respectivas, Indian Institute of Engineering Science and Technology (IIEST), Shibpur West Bengal India e College of Engineering Studies at University of Petroleum & Energy Studies (UPES), Dehradun India, pela sua cooperação e encorajamento que nos ajudaram a concluir este trabalho.

ÍNDICE DE CONTEÚDOS

Capítulo 1

1. Introdução

O transportador de correia é utilizado para o transporte de minerais de um local para outro. São equipamentos contínuos utilizados para o manuseamento de grandes quantidades de minerais, como carvão, minério, etc., em muitas indústrias. Tem uma elevada capacidade de carga. As correias transportadoras encontram-se em todo o mundo num grande número de operações mineiras à superfície e subterrâneas. No sector mineiro, o transportador de correia é largamente utilizado tanto em minas subterrâneas como em minas a céu aberto. Pode ser utilizado eficazmente em terrenos planos e inclinados (até uma inclinação de 1 em 12) e, ao mesmo tempo, permite uma grande produção num curto espaço de tempo (Ananth, Rakesh e Visweswarao, 2013). É por isso que ocupa um lugar importante na indústria mineira e na indústria conexa.

Os transportadores são apenas um subconjunto do grupo muito maior de equipamento de manuseamento de materiais, através da aplicação adequada e utilizados como equipamento de manuseamento de materiais, de modo a que o manuseamento manual de materiais possa ser minimizado ou completamente eliminado, na indústria mineira, siderúrgica, centrais térmicas, e também aumentar a produção num curto espaço de tempo. A movimentação de materiais consiste na deslocação de matérias-primas, peças de máquinas, diferentes caixas, caixotes, paletes e bagagens de um local para outro ou de um ponto para outro, da forma mais eficiente possível. O material a ser manuseado é praticamente ilimitado em termos de tamanho, forma e peso. O material pode ser movimentado diretamente por pessoas que levantam e transportam os artigos ou utilizam carrinhos de mão, fundas e outros acessórios de movimentação. O material também pode ser transportado por pessoas que utilizam máquinas como gruas, camiões e outros dispositivos de elevação, mas, por vezes, são processos pouco económicos e demorados e, se ocorrerem danos nessas máquinas, todo o sistema de transporte de materiais será interrompido. É por isso que o transportador é utilizado para o transporte fácil e eficaz de materiais nas indústrias em que é necessário o transporte contínuo de minerais.

1.1 Objetivo

O principal objetivo deste projeto é estudar os aspectos de conceção do transportador de correia e dos seus componentes.

Os objectivos associados incluirão o seguinte
- Determinar os valores teóricos dos diferentes parâmetros de projeto utilizando fórmulas normalizadas.
- Determinar o valor de diferentes parâmetros de projeto utilizando um programa de computador.
- Comparar o valor dos parâmetros projectados com os valores práticos ou no local.

1.2 Metodologia

1. Pesquisa bibliográfica sobre transportadores de correia e seus componentes.

2. Estudo dos diferentes aspectos de conceção de um transportador de correia.

3. Visita ao terreno e recolha de dados sobre o transportador de correia e os seus parâmetros de conceção.

4. Análise dos dados recolhidos.

5. Cálculo dos valores teóricos dos diferentes parâmetros de conceção, com a ajuda da recolha de dados no terreno, utilizando fórmulas normalizadas.

6. Determinar os valores dos parâmetros de conceção com a ajuda de um programa informático.

7. Comparar os valores teóricos e os valores do software com os valores práticos ou no local.

Capítulo 2

2. Diferentes componentes e parâmetros de conceção do transportador de correia.

A figura 1 apresenta um diagrama linear de um transportador de correia.

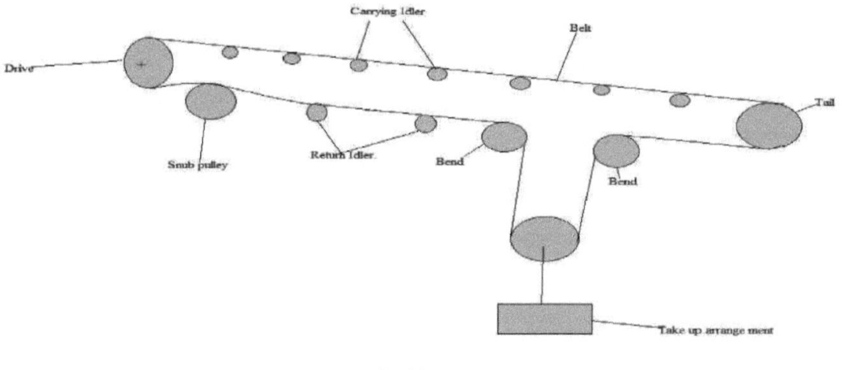

Figura-1: Diagrama linear de um transportador de correia.

2.1. Diferentes componentes do transportador de correia

Um transportador de correia é constituído pelos seguintes componentes

- Um cinto sem fim.

- Polia.

- Roda livre.

- Canal de ferro.

- Dispositivo de tensionamento (o laço absorve).

- Tambor de cauda.

- Raspador.
- Interruptores de segurança.
- Arranjo de acionamento.

No sistema de acionamento estão incluídas as seguintes peças

> Tambor de condução
> Motor.
> Equipamento.
> Acoplamento.

2.1.1. Cinto sem fim

A correia é uma tira plana, espessa e interminável de tecido de algodão, rayon ou nylon, disposta em pilhas ou camadas e com a superfície e os lados cobertos de borracha, plástico ou PVC. O tipo de tecido, o número de camadas e o reforço, se existir, na correia determinam a sua resistência. As correias com tecido de nylon e fortes como o nylon oferecem uma resistência muito elevada ao rasgamento longitudinal e aos danos devidos ao reviramento dos bordos. O nylon melhora a resistência aos danos por impacto e as correias são mais flexíveis, mais leves, têm melhores propriedades de fixação e são igualmente concebidas para serem utilizadas em polias de grande resistência. Estas correias são mais caras do que as correias de tecido de algodão. A carcaça de algodão é mais suscetível à humidade e apodrece devido à formação de fungos na presença de humidade (Deshmukh).

Os seguintes tipos de correia são utilizados no transportador de correia

- Correias planas.
- Correias redondas.
- Correias em forma de "V".
- Cintos com nervuras.

A correia é ligada ao suporte de carga (carcaça) com o seguinte

- Composto polimérico.

- Telas de tecido/tecido de nylon.

- Camada de cabos de aço.

- Superfície e lado cobertos com borracha. (espessura de 0,8 mm a 3,2 mm, consoante o tipo de materiais)

- PVC, neopreno, etc. (como resistência ao fogo e como proteção do tecido contra a abrasão).

2.1.2. Polia

Existem quatro tipos de polias utilizadas num transportador de correia

- Polia de acionamento

- Polia traseira

- Polia de rebordo/ Polia de dobragem.

- Polia do deflector.

O objetivo da polia motriz e da polia traseira é acionar a correia e dar-lhe apoio. A finalidade da polia de dobragem é proporcionar a dobragem da correia quando necessário, e a finalidade da polia de deflexão é proporcionar a deflexão da correia quando necessário.

2.1.3. Roda livre

Uma polia é um tubo metálico em forma de anel sobre o qual corre a correia. O seu objetivo é apoiar a correia. A correia está apoiada na polia. A correia desloca-se sobre as polias. A polia é uma roldana que se move sobre o seu próprio eixo e rolamentos de esferas e está cheia de massa lubrificante. Existem quatro tipos de polias, a saber: polias de impacto (espaçamento de 300 milímetros entre duas polias), polias de transporte (espaçamento de 1 metro entre duas polias), que são colocadas por baixo do lado carregado da correia para suportar o lado carregado da correia, polias de transporte auto-alinhadas (espaçamento de 20 metros entre duas polias), polias de retorno (espaçamento de 3 metros entre duas polias), que são utilizadas no lado de retorno da correia vazia para suportar o lado vazio da correia. Polias de retorno auto-alinhadas (espaçamento de 3 m entre duas polias). Além disso, a polia de transição e a polia de pressão também são utilizadas num transportador de correia (Conveyor Equipment Manufacturers Association).

A figura 2 apresenta um diagrama linear de uma polia. Aqui l é o comprimento da polia e dl é o diâmetro exterior da polia. Ambos estão em mm.

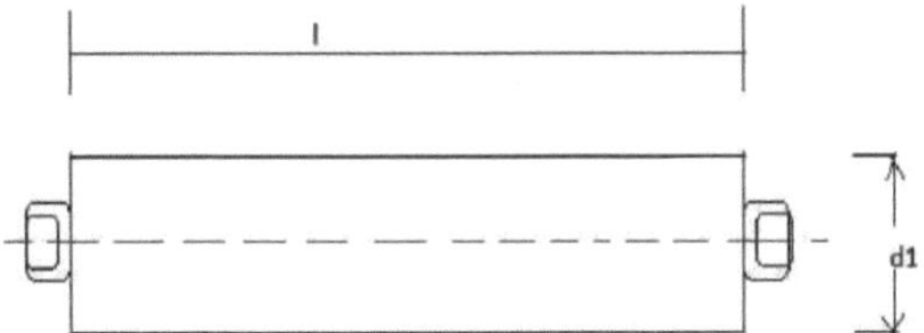

Figura- 2: Diagrama linear de uma roda dentada.

A seleção da polia depende do ângulo de inclinação, do diâmetro da polia, do comprimento da polia, do conjunto de polias, do comprimento da polia de transporte, das ranhuras para os parafusos e da altura livre. O ângulo de inclinação é um fator importante para a seleção da polia para o transportador de correia. O ângulo do eixo das polias laterais em relação à horizontal é conhecido como ângulo de inclinação. Os ângulos de inclinação variam principalmente entre 5 e 35 graus. O Bureau of Indian Standard (IS: 8598-1987) indicou algumas dimensões normalizadas de diâmetro para a seleção das polias. Os diâmetros normalizados são apresentados no quadro 1.

Carrying and Returning Idler (mm)									Carrying Idler only (mm)				
63.5	76.1	88.9	101.6	108	114.3	127	133	139.7	152.4	159	168.3	193.7	219.1

Tabela 1: Diâmetros normalizados da polia. [Bureau of Indian Standard, IS:8985-1987].

A folga vertical da polia é o espaço vertical entre a periferia da polia e a parte superior da travessa da polia ou qualquer outra parte estrutural, mais próxima da polia.

O comprimento da polia é um aspeto importante para selecionar a polia adequada. A polia deve ter o comprimento padrão de acordo com o diâmetro da polia, conforme especificado na tabela. O comprimento da polia e o diâmetro da polia estão ambos em mm.

Carrying Idler diameter (mm)	63.5	76.1	88.9	101.6	108	114.3	127	133	139.7	152.4	159	166.3	193.7	219.1
Minimum Clearance (mm)	30	30	30	30	30	30	30	40	40	40	40	40	50	60

Tabela- 2: Comprimento das polias em função do diâmetro da polia. [Bureau of Indian Standard IS:8985- 1987].

A folga por baixo da polia central para transportar conjuntos de polias é indicada na tabela.

Carrying and Return Idler														Carrying Idler only
Idler Dia. (mm)	63.5	76.1	88.9	101.6	108	114.3	127	133	139.7	152.4	159	168.3	193.7	219.1
Length	x	x	x	x	x									

100	x	x	x	x	x									
150	x	x	x	x	x									
160														
190	x	x	x	x	x	x	x	x	x					
200	x	x	x	x	x	x	x	x	x					
235	x	x	x	x	x	x	x	x	x					
250	x	x	x	x	x	x	x	x	x					
290	x	x	x	x	x	x	x	x	x					
315	x	x	x	x	x	x	x	x	x	x	x	x		
350	x	x	x	x	x	x	x	x	x	x	x	x		
380	x	x	x	x	x	x	x	x	x	x	x	x		
400	x	x	x	x	x	x	x	x	x	x	x	x		
415	x	x	x	x	x	x	x	x	x	x	x	x		
465	x	x	x	x	x	x	x	x	x	x	x	x		
500	x	x	x	x	x	x	x	x	x	x	x	x		
530	x	x	x	x	x	x	x	x	x	x	x	x		
550	x	x	x	x	x	x	x	x	x	x	x	x		
600	x	x	x	x	x	x	x	x	x	x	x	x		
625	x	x	x	x	x	x	x	x	x	x	x	x		
670	x	x	x	x	x	x	x	x	x	x	x	x		
700	x	x	x	x	x	x	x	x	x	x	x	x		
710	x	x	x	x	x	x	x	x	x	x	x	x		

750	x	x	x	x	x	x	x	x	x	x	x	x	x	
800	x	x	x	x	x	x	x	x	x	x	x	x	x	
850	x	x	x	x	x	x	x	x	x	x	x	x	x	
900	x	x	x	x	x	x	x	x	x	x	x	x	x	
950	x	x	x	x	x	x	x	x	x	x	x	x	x	
1000	x	x	x	x	x	x	x	x	x	x	x	x	x	x
1050	x	x	x	x	x	x	x	x	x	x	x	x	x	x
1100	x	x	x	x	x	x	x	x	x	x	x	x	x	x
1120	x	x	x	x	x	x	x	x	x	x	x	x	x	x
1150	x	x	x	x	x	x	x	x	x	x	x	x	x	x
1200	x	x	x	x	x	x	x	x	x	x	x	x	x	x
1250	x	x	x	x	x	x	x	x	x	x	x	x	x	x
1400	x	x	x	x	x	x	x	x	x	x	x	x	x	x
1500			x	x	x	x	x	x	x	x	x	x	x	x
1600			x	x	x	x	x	x	x	x	x	x	x	x
1700			x	x	x	x	x	x	x	x	x	x	x	x
1800				x	x	x	x	x	x	x	x	x	x	x
2000						x	x	x	x	x	x	x	x	x

Tabela 3: Folga sob a polia central para conjuntos de polias de transporte. [Bureau of Indian Standard, IS:8985-1987]

Existem quatro tipos de polias utilizadas, que são as seguintes

Tipo A - Extremidade do veio sem tampa de extremidade adicionada. A figura 5.3 apresenta um diagrama de linhas de uma extremidade do fuso sem tampa de extremidade adicionada. Onde d1 é o diâmetro externo, d3 é o diâmetro interno, aqui d2 e d3 são iguais, pois não há tampa de extremidade. b1 é a largura da placa de ajuste Inter.

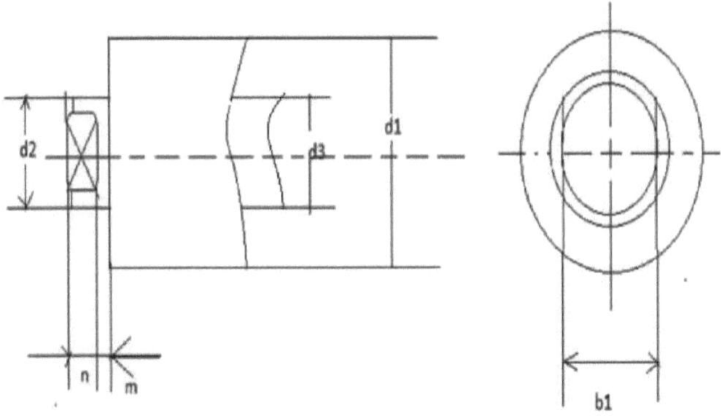

Figura 3: Extremidade do fuso sem tampa de extremidade adicionada.

O valor normalizado do diâmetro interior, do diâmetro exterior e da largura da placa de ajuste, tal como especificado no Bureau of Indian Standard, IS: 8985-1987, para a extremidade do veio sem tipos de tampas de extremidade adicionadas da polia é apresentado no quadro 4.

d2	d3	b1	m	n
20	20	14	4	9
25	25	18	4	12
30	30	22	4	12
40	40	32	4	12

Tabela -4: O valor padrão dos diâmetros interno e externo e das larguras das placas de interconexão. [Bureau of Indian Standard, I.S:8985-1987].

Tipo B - Extremidade do veio sem tampa de extremidade adicionada.

A figura 4 apresenta um diagrama de linhas da extremidade do veio sem tampa de extremidade adicionada.

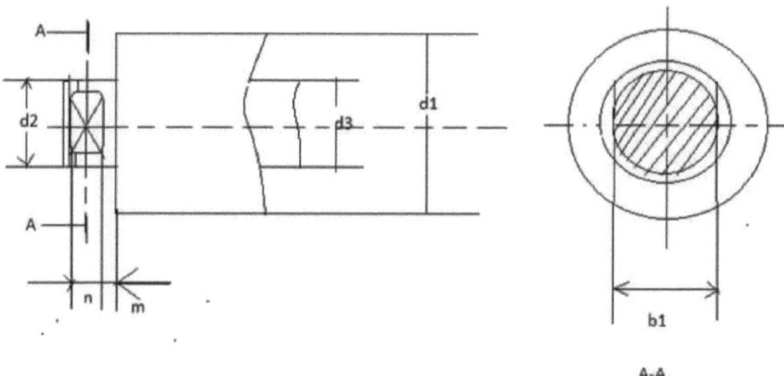

Figura 4: Extremidade do fuso sem tampa de extremidade adicionada.

O valor normalizado do diâmetro interior, do diâmetro exterior e da largura da placa de regulação, tal como especificado na norma indiana IS-8985-1987, para a extremidade do veio sem tampa de extremidade adicionada, é apresentado no quadro 5.

d2	d3	b1	m	n	p
20	20	14	4	9	5
25	25	18	4	9	5
30	30	22	4	9	5
40	40	32	4	9	5

Tabela 5: O valor padrão dos diâmetros interno e externo e das larguras das placas de interconexão. [Bureau of Indian Standard, IS:8985- 1987].

Tipo C - Extremidade do veio com tampa de extremidade adicionada.

A figura 5 apresenta um diagrama de linhas da extremidade do veio com a tampa da extremidade adicionada.

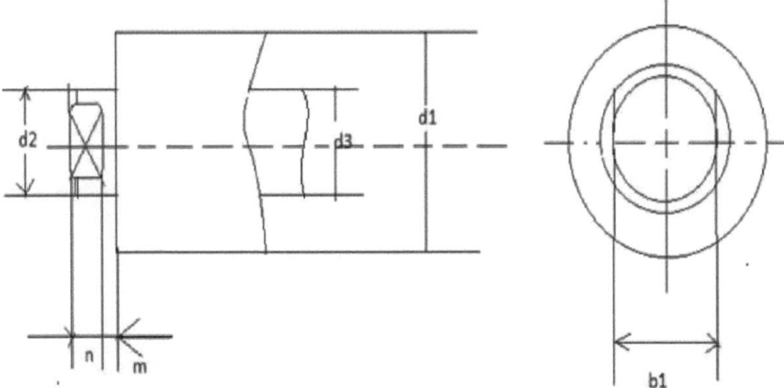

Figura 5: Extremidade do fuso com tampa de extremidade adicionada.

O valor normalizado do diâmetro interior, do diâmetro exterior e da largura da placa de regulação, de acordo com a norma indiana IS:8985-1987 para a extremidade do fuso com tipos de tampas de extremidade adicionadas, é apresentado no quadro 6.

d2	d3	b1	M	n
35	20	28	4	10
40	25	32	4	12
45	30	38	4	12

Tabela 6: O valor padrão dos diâmetros interno e externo e das larguras das placas de interconexão. [Bureau of Indian Standard, I.S:8985- 1987].

Tipo D - Extremidade do veio com tampa de extremidade adicionada.

A figura 6 apresenta um diagrama de linhas da extremidade do veio com a tampa da extremidade adicionada.

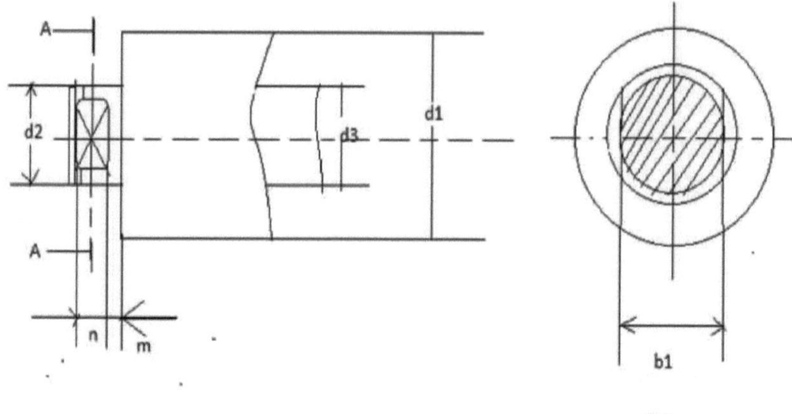

Figura 6: Extremidade do fuso com tampa de extremidade adicionada.

O valor normalizado do diâmetro interior, do diâmetro exterior e da largura da placa de ajuste, de acordo com a norma indiana IS: 8985-1987 para a extremidade do eixo com tipos de tampas de extremidade adicionadas, é apresentado no quadro 7.

d2	d3	b1	M	N	p
35	20	28	4	9	5
40	25	32	4	9	5
45	30	38	4	9	5

Tabela -7: O valor padrão dos diâmetros interno e externo e das larguras das placas de interconexão. [Bureau of Indian Standard, I.S:8985-1987].

Diferentes formas de conjuntos de polias

Os conjuntos de rodas dentadas, em termos de forma, são designados por M,N e P, e estão representados na figura

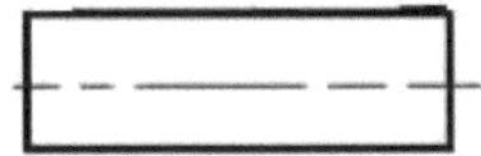

Shape M.

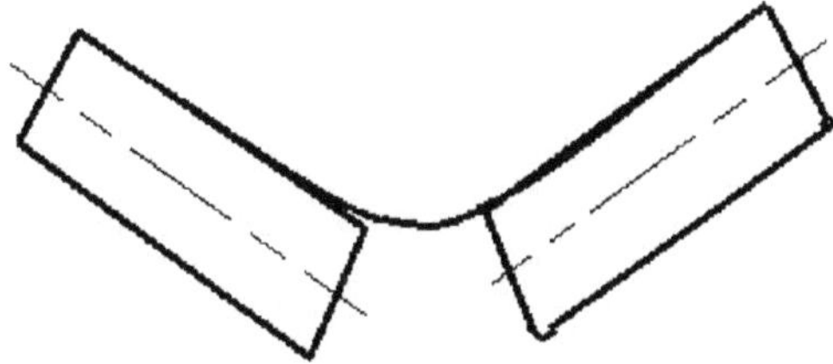

Shape N.

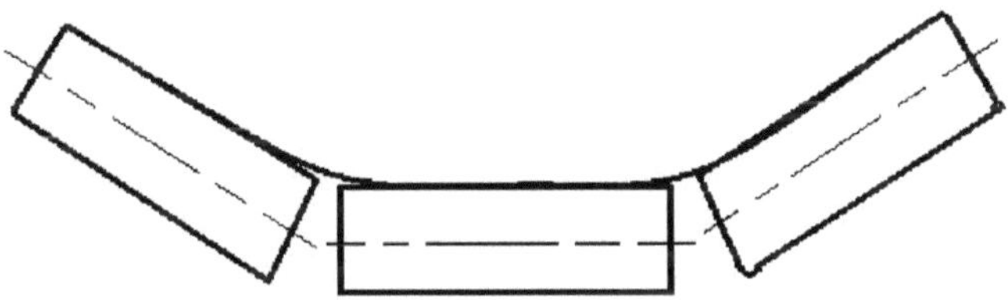

Shape P.

Figura 7: Diferentes formas de conjuntos de rodas dentadas.

2.1.4. Canal de Ferro

As polias são apoiadas numa estrutura de ferro canal e os membros desta rede têm 3 a 4 metros de comprimento, ligados por parafusos ou porcas. Numa mina subterrânea, a estrutura assenta no chão da estrada, mas uma parte da mesma, especialmente na extremidade de descarga, pode ser suspensa do teto por parafusos de olhal e correntes.

Esta suspensão é necessária quando um transportador de correia tem de atravessar uma via de transporte com tubagens ou outro transportador, e a entrega termina em leitos minerais finos. (Deshmukh).

2.1.5. Arranjo de tensão

A correia deve estar sob tensão adequada; se estiver solta ou frouxa no tambor de acionamento, este último não será capaz de transmitir a força à correia. A extremidade tensora de um transportador de correia de pequeno comprimento é o tambor de retorno montado numa estrutura de aço na qual são montados ganchos para tensionamento por meio de um Sylvester próprio com gaveta ou por parafusos tensores. Este tipo de disposição é utilizado nos transportadores de paredes longas nas minas. Nos transportadores de correia de portão que têm de se estender à medida que a estrada avança, a correia suplementar necessária para a extensão é fornecida pelo dispositivo de "recolha de correia em laço", colocado perto da cabeça de acionamento. Existem dois tipos de disposições de recolha geralmente utilizadas: recolha vertical por gravidade e recolha horizontal por gravidade.

2.1.6. Tambor de cauda

A função do tambor de cauda de um transportador de correia é a seguinte

- Alojar um tambor adequado para o retorno da correia.
- Para evitar que a correia e o tambor sejam dobrados por pequenos pedaços de carvão ou outro material transportado.
- Para cobrir toda a estrutura interna e evitar assim o contacto acidental com as partes móveis.

2.1.7. Raspador

Existem dois tipos de raspadores que são geralmente utilizados num transportador de correia, um é o raspador externo e o outro é o raspador interno. O raspador externo é utilizado perto da polia da cabeça e no exterior da correia de retorno, enquanto o raspador interno é utilizado perto da polia da cauda e no interior da correia de retorno. (Associação dos Fabricantes de Equipamento de Transporte). A figura 8 apresenta um diagrama linear de um raspador.

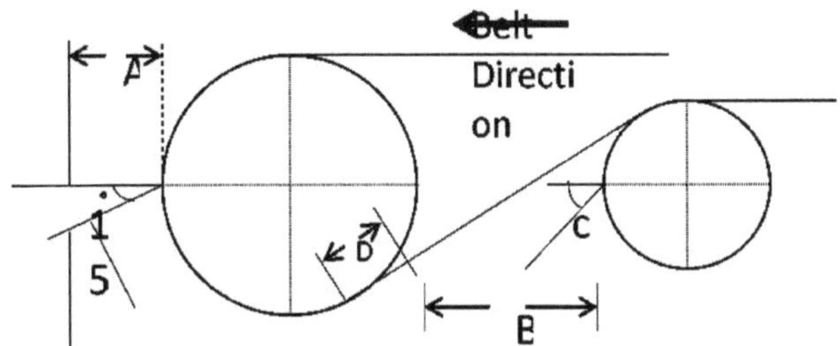

Figura 8: Raspador de correia.

Onde,

A = O espaço entre a parte da frente da calha e a polia deve ter uma dimensão mínima ou máxima.

B = O dispositivo de limpeza deve ser posicionado a uma distância mínima de 180 mm. da parte de trás da calha.

C = Ângulo de inclinação da calha.

D = O aspirador deve ser posicionado a cerca de 200 mm do ponto tangencial, onde a correia e a polia se encontram.

2.1.8. Interruptores de segurança

São utilizados os seguintes interruptores de segurança

- Interruptor de corda de tração,

- Interruptor de oscilação do cinto,

- Interruptor de velocidade da correia,

- Interruptor de deslizamento do cinto.

2.1.9. Cabeça de acionamento

Consiste num motor elétrico ou de ar comprimido, num acoplamento de fluidos de alta velocidade e de baixa velocidade, em rodas dentadas e num tambor que fornece o arco de contacto necessário à correia por fricção, sendo utilizadas polias de encaixe para aumentar o coeficiente de contacto. O coeficiente de atrito entre o tambor de acionamento e a correia é, por vezes, aumentado através do revestimento do tambor com um material adequado semelhante a borracha, embora tal não seja feito se puder ser evitado. O sistema de acionamento de um transportador de correia é apresentado na figura 9.

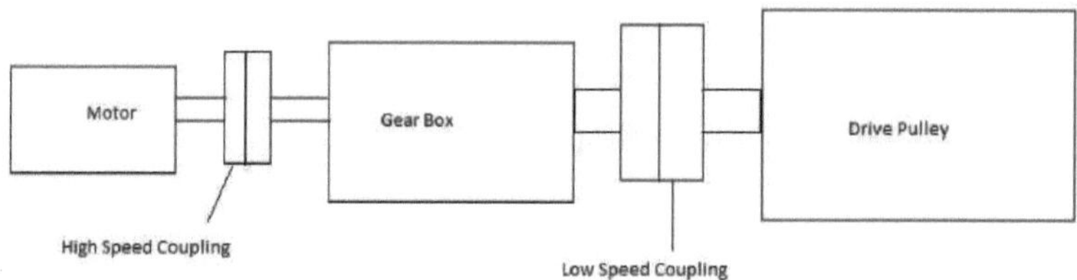

Figura 9: Diagrama de linhas da disposição de acionamento do transportador de correia.

2.1.10. Motor

O motor para o acionamento do transportador de correia deve ser selecionado tendo em conta vários factores, tais como o binário de arranque, o binário de arranque, a corrente de arranque (para a seleção dos cabos, tendo em conta a queda de tensão durante o arranque do acionamento do transportador), as caraterísticas de velocidade/binário da carga, o tipo de acoplamento utilizado e os seguintes parâmetros eléctricos que afectam a conceção do motor:

a) Tensão e frequência nominais,

b) Variação da tensão, da frequência e da variação combinada da tensão e da frequência,

c) Construção, por exemplo, tipo de montagem,

d) Classe de isolamento,

e) Temperatura ambiente,

f) Velocidade,

g) Tipo ou invólucro e grau de proteção,

h) Direção de rotação,

j   )Localização da caixa de terminais a partir da extremidade do veio de acionamento,

k   )Carga de curto-circuito da caixa de terminais,

m   )Número de cabos e tamanho dos cabos para a caixa de terminais de cabos,

n   )Tipo de arranque,

p   )Limite de vibração, e

q   )Tipo de ligação à terra e número de terminais de ligação à terra.

O motor deve ter um rácio contínuo pelo menos igual à potência requerida pelo transportador dividida pela eficiência da unidade de acionamento. No caso dos transportadores regenerativos em declive, a potência nominal do motor deve ser pelo menos igual à potência requerida. O motor deve ser capaz de fornecer um binário superior ao requerido em estado estacionário de funcionamento nas piores condições admissíveis de variação de tensão e frequência. O tempo de arranque do transportador não deve exceder o tempo de resistência do motor bloqueado. No caso de requisitos de baixo binário de arranque, em que o tempo de aceleração é superior ao tempo de resistência térmica, deve ser fornecida ao acionamento uma proteção adequada, como um relé de rotor bloqueado e um dispositivo de monitorização da velocidade. Em geral, os motores de indução trifásicos de corrente alternada em gaiola de esquilo são as unidades de acionamento mais simples, mais económicas e de manutenção mínima para transportadores acoplados a acoplamentos de fluidos. (Bureau of Indian Standards, IS:11592-2000).

Para transportadores de pequena capacidade até uma potência de acionamento de 40 kW, deve ser utilizado um motor de indução em gaiola de esquilo com arranque direto em linha. Para transportadores de comprimento médio e capacidade média até uma potência de acionamento de 150 kW, para assegurar o controlo do binário do acionamento, podem ser utilizados os seguintes tipos de accionamentos:

a) Motor de indução de anel deslizante com arranque por resistência,

b) Motor de gaiola de esquilo com acoplamento controlado de correntes de Foucault,

c) Motores de corrente alternada com amplificadores de potência estáticos,

d) Motor de gaiola de esquilo com acoplamento de fluido controlado por colher ou acoplamento de fluido de tipo tração.

Para transportadores longos de grande capacidade, para estabilizar o valor desejado do binário de carga do motor de acionamento, não só durante o arranque mas também durante o funcionamento normal do transportador, são recomendados os seguintes accionamentos eléctricos:

a) Motores de gaiola de esquilo com acoplamentos electromagnéticos controlados (correntes de Foucault),

b) Motores de gaiola de esquilo com conversores de frequência do propulsor com capacidade de sobrecarga suficiente,

c) Motor de gaiola de esquilo com acoplamento de fluido controlado por colher ou acoplamento de fluido de tipo tração,

d) Motor de anel deslizante com arranque por resistência.

2.1.11. Caixa de velocidades

Geralmente, a potência do motor situa-se na gama dos 22 kW. O redutor pode ser selecionado como uma caixa de engrenagens. É necessário um redutor ou uma caixa de engrenagens para um transportador de correia que lida com material áspero e não uniforme, que funciona 12 horas por dia. A seleção da caixa de velocidades depende da relação normal, da capacidade da caixa de velocidades e do binário de saída da caixa do transportador de correia. A relação normal da caixa de velocidades é a relação entre a velocidade de entrada e a velocidade de saída do motor.

Assim, o rácio normal = velocidade de entrada/velocidade de saída.

A capacidade da caixa de velocidades é obtida pela seguinte fórmula

Capacidade da caixa de velocidades (lb in) = Classificação do motor x Fator de serviço

O eixo de entrada e saída do transportador é apresentado na figura 10.

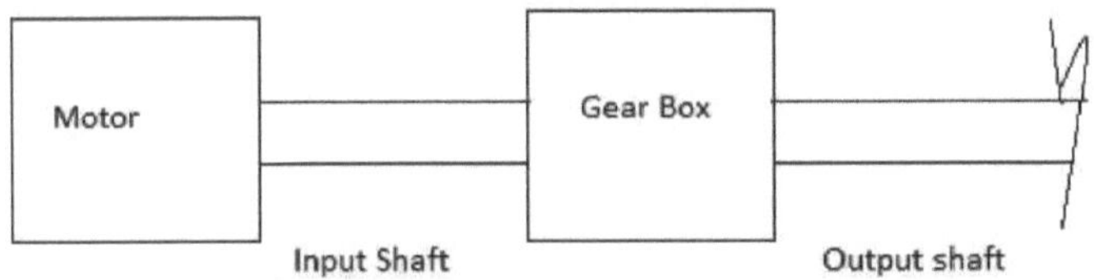

Figura 10: Eixo de entrada e de saída.

Binário de saída do transportador de correia

$$Output\ torque = \frac{capacity\ of\ the\ gear\ box\ required\ in\ H.P \times 63000}{Rpm\ of\ output\ shaft}\ lb\ in$$

Existem três tipos de caixas de velocidades que são geralmente utilizadas de acordo com a construção do veio. Os tipos de caixas de velocidades são: helicoidal (utilizada para veios paralelos), cónica (utilizada para veios não paralelos) e helicoidal cónica.

A disposição da caixa de velocidades de um transportador de correia é apresentada na figura 11.

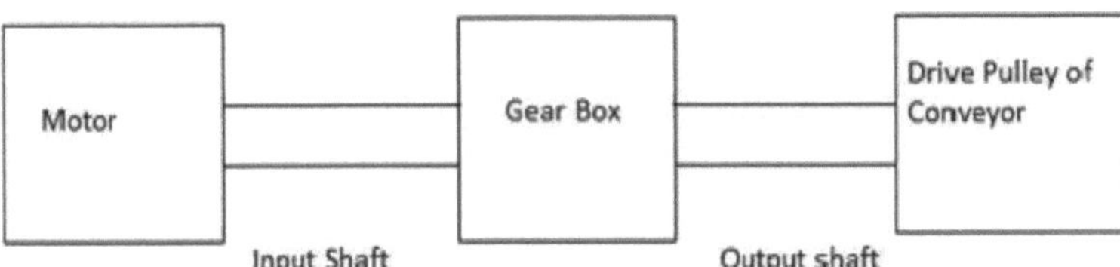

Figura 11: Disposição da caixa de velocidades.

A capacidade de potência normal requerida (Pm)

Pm = potência absorvida (kW) X fator de serviço mecânico.

Os factores de serviço são dados no quadro 8, conforme especificado no Bureau of Indian Standard, IS:11592-2000.

Duration of Service	Service Factor
2 hours per day	0.9
8 hours per day	1.1
12 hours per day	1.25
24 hours per day	1.5

Quadro 8: O fator de serviço. [Bureau of Indian Standard, IS:11592-2000].

Verificação da classificação térmica da caixa de velocidades

Com base na classificação térmica, a caixa de velocidades pode ser

- Caixa de velocidades sem refrigeração

- Caixa de velocidades com arrefecimento por ventoinha

- Caixa de velocidades com serpentina de arrefecimento.

- Caixa de velocidades com ventilador e bobina.

Capacidade de energia térmica necessária (Pt)

Pt= Potência absorvida/fator de serviço térmico

Pt deve ser igual ou inferior à classificação térmica da caixa de velocidades selecionada.

2.1.12. Acoplamento

O objetivo do acoplamento é unir as caixas de velocidades ao eixo. Geralmente, são utilizados dois tipos de acoplamento: um é o acoplamento flexível e o outro é o acoplamento fluido. A utilização de acoplamentos flexíveis deve ser preferida até 30 kW e pode também ser considerada para pequenos transportadores que necessitem de menos de 50 kW. Os acoplamentos de fluido devem ser utilizados preferencialmente quando a potência exigida pelo transportador for superior a 30 kW. Para os motores de indução de anel deslizante que necessitem de uma potência até 630 kW, pode ser utilizado um acoplamento de fluido. (Bureau of Indian Standards, IS: 11592-2000). As vantagens da utilização do acoplamento de fluido são as seguintes

- Aceleração suave da correia, reduzindo assim a tensão efectiva,
- Redução do sobredimensionamento dos cabos dos motores para compensar a queda de tensão terminal durante o arranque.

3. Parâmetros de conceção do transportador de correia

3.1 Os parâmetros de conceção do transportador de correia em pormenor

Os parâmetros de conceção de um transportador de correia são os seguintes

- Ângulo de sobreposição do material e ângulo de repouso do material,
- Velocidade da correia,
- Largura da correia,
- Tensão da correia,
- Capacidade da correia,
- Necessidade de energia,
- Espaçamento da roda dentada,
- RPM do motor,
- <u>Aceleração</u> da correia,
- Resistência à rutura da correia

Para conceber um tapete transportador, é necessário ter em conta algumas informações básicas, por exemplo, o material a transportar, a área de carga do tapete transportador, a dimensão dos grumos, a tonelagem por hora, a distância a percorrer, a eventual inclinação, a temperatura e outras condições ambientais. A primeira fase dos parâmetros de conceção de um transportador de correia consiste em calcular a área de carga da correia.

Cálculo da área de carga para um transportador de correia

A figura 12 mostra um esquema da área de carga da correia.

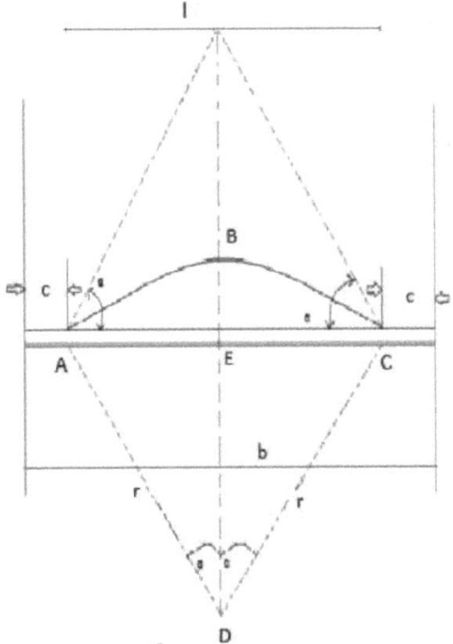

Figura 12: Área de carga da correia.

Onde,

a=Sobrecarga angular (em graus).

l=Comprimento do material sobre a correia (em polegadas).

b=Largura da correia (em polegadas).

c=Distância padrão do bordo= 0,055b+0,9

r=Raio do arco de sobrecarga.

As=Área de sobrecarga.

1. Area of sector (ABCD) $=\dfrac{\pi \times r^2}{360°} \times 2\alpha$

$$=\dfrac{\pi r^2}{180°}\alpha$$

$$\text{Area of triangle (CDE)} = \frac{1}{2} \times r \sin \alpha \times r \cos \alpha$$

$$= \frac{r^2 \times \sin \alpha \times \cos \alpha}{2}$$

$$= \frac{r^2 \times \sin 2\alpha}{4}$$

$$\text{Area of triangle (ACD)} = 2 \times \frac{r^2 \times \sin 2\alpha}{4}$$

$$= \frac{r^2 \sin 2\alpha}{2}$$

As=Area of surcharge = Area sector (ABCE)

$$= \frac{\pi \times r^2 \times \alpha}{180°} - \frac{r^2 \sin 2\alpha}{2}$$

$$= r^2 \left(\frac{\pi \times \alpha}{180°} - \frac{\sin 2\alpha}{2} \right)$$

Now,

$$l = 2EC = 2r \sin \alpha$$

$$\therefore r = \frac{l}{2 \sin \alpha}$$

Again,

$$l = b - 2c$$

$$= b - 2(0.055b + 0.9)$$

$$= 0.890b - 1.8$$

$$r = \frac{(0.890b - 1.8)}{2 \sin \alpha} = \frac{(0.445b - 0.9)}{\sin \alpha}$$

$$As = \left(\frac{(0.890b - 1.8)^2}{(2 \sin \alpha)^2} \right) - \left(\frac{\pi \times \alpha}{180°} - \frac{\sin 2\alpha}{2} \right) \text{ meter}^2$$

3.2. Conceção básica do transportador de correia; Ângulo de sobreposição e ângulo de repouso

O projeto do transportador de correia deve começar com uma avaliação das caraterísticas do material transportado e, em particular, do ângulo de repouso e do ângulo de sobrecarga. O ângulo de repouso de um material é também conhecido como "ângulo de atrito natural". O ângulo de repouso é definido como o ângulo que a superfície da pilha de material normal, livremente formada, faz com a horizontal, como mostra a figura 13.

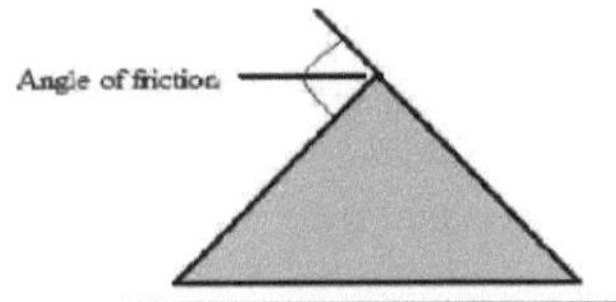

Figura 13: Ângulo de repouso.

O ângulo de sobrecarga de um material é o ângulo da horizontal que a superfície do material assume quando o material está em repouso num tapete transportador em movimento. Este ângulo varia geralmente entre 5 e 15 graus e é considerado inferior ao ângulo de repouso e ao ângulo máximo. O ângulo de sobrecarga é apresentado na figura 14.

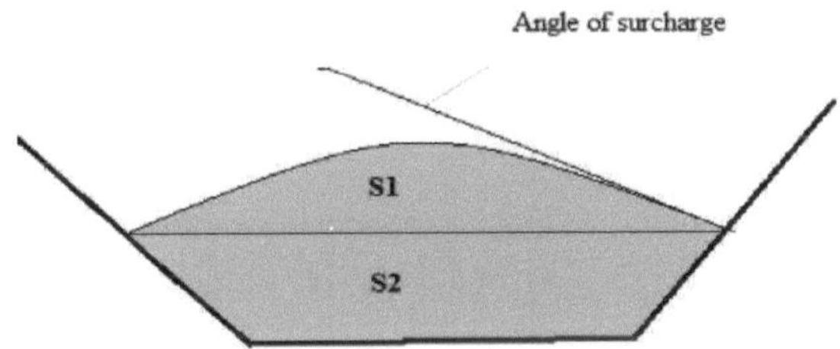

Figura 14: Ângulo de sobretaxa.

A área da secção "S" pode ser calculada geometricamente adicionando a área de um semicírculo superior à área do trapézio inferior. Se a área do semicírculo acima é S1 e a área do trapézio inferior é S2,

Então podemos dizer que a área total da secção

$$S=S1+S2$$

O valor do volume transportado pode ser calculado com base na fórmula:

$$S = (L \times V \times T) \div 3600$$

Onde,

S = Volume transportado a uma velocidade de transporte de 1 m/s.

L= Comprimento do tapete sobre o qual o material é transportado, em metros.

V= Velocidade do material ou da correia em m/s.

T= Tempo.

3.3. Velocidade da correia

As correias de velocidades muito elevadas significaram um grande aumento dos volumes transportados. Em comparação com a carga total, há uma redução do peso do material transportado por metro linear de transportador e, por conseguinte, há uma redução dos custos da estrutura nos quadros de fixação das calhas e no próprio tapete. As caraterísticas físicas do material transportado são o fator determinante no cálculo da velocidade da correia. Com o aumento da granulometria do material, ou da sua abrasividade, ou do seu peso específico, é necessário reduzir a velocidade da correia transportadora. Considerando os factores que limitam a velocidade máxima do transportador, podemos concluir que Quando se considera a inclinação da correia que sai do ponto de carga; quanto maior for a inclinação, maior será a quantidade de turbulência à medida que o material gira na correia. Este fenómeno é um fator limitativo no cálculo da velocidade máxima da correia, na medida em que o seu efeito é o desgaste prematuro da superfície da correia. A ação repetida de abrasão sobre o material da correia, provocada por numerosos carregamentos numa determinada secção da correia sob a tremonha de carga, é diretamente proporcional à velocidade da correia e inversamente proporcional ao seu comprimento. Geralmente, nas minas de carvão, a velocidade da correia varia entre 45 metros/minuto e 150 metros/minuto.

3.4. Largura da correia

A largura da correia é predominantemente regida por dois factores: o tamanho do grumo do material transportado e os requisitos de capacidade do transportador. [Bureau of Indian Standard, I.S: 11592-2000]. Se a dimensão do material transportado for grande e a capacidade do material a transportar for elevada, a largura do tapete tem de ser aumentada. A norma IS 1891 (Parte I) indica algumas larguras normalizadas das correias em milímetros, que são as seguintes

300, 400, 500, 600, 650, 800, 1000, 1200, 1400, 1600, 1800 e 2000.

3.5. Capacidade da correia

A capacidade de um transportador de correia é determinada pelos três factores seguintes:

    a) Área da secção transversal da carga sobre a correia. A área de carga da secção transversal do tapete varia com a largura do tapete, o ângulo de sobrecarga do material, o tipo de polias de transporte utilizadas, que determinam a quantidade de calha dada ao tapete, e a natureza do material a ser manuseado, que determina a quantidade de material que pode ser carregado em segurança numa determinada secção transversal,

    b) Velocidade da correia, e

    c) Fator de inclinação.

A capacidade do transportador de correia pode ser calculada pela seguinte fórmula

$$C = 3600 \, p \, As \, V \, K$$

Onde

    C = a capacidade do tapete em toneladas por hora,

    p = Densidade do material transportado em toneladas por metro cúbico,

As = Área de carga da correia e é medida em metros quadrados,

V = Velocidade da correia em metros por segundo,

K= Fator de inclinação.

O fator de inclinação (K) depende da inclinação do terreno sobre o qual o transportador de correia é executado. O fator de inclinação pode ser obtido a partir da tabela seguinte.9. conforme especificado no Bureau of Indian Standard I.S: 11592-8985.

Conveyor Inclination, Degrees	Slope Factor K	Conveyor Inclination, Degrees	Slope Factor K	Conveyor Inclination, Degrees	Slope Factor K
2	1 00	16	0.89	26	0.66
4	0.99	18	0.85	27	0.64
6	0.98	20	0.81	28	0.61
8	0. 97	22	0.76	29	0.59
10	0.95	23	0.73	30	0.56
12	0.93	24	0.71		
14	0.91	25	0.68		

Quadro 9: Fator de inclinação. [Bureau of Indian Standard, I.S-11592-2000].

O gráfico do fator de inclinação versus ângulo de inclinação é apresentado na figura 15

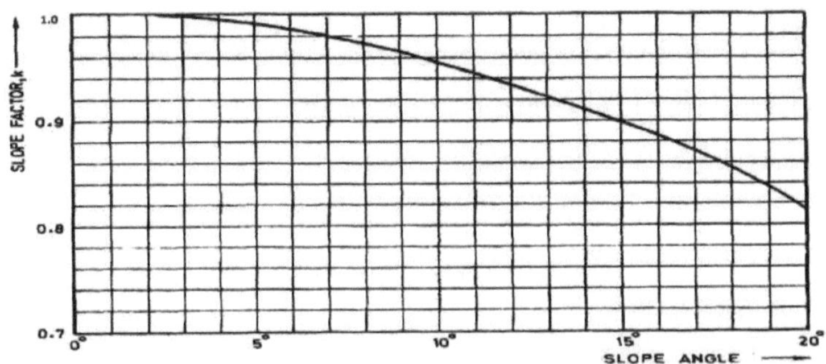

Figura 15: Gráfico do fator de inclinação em relação ao ângulo de inclinação. [Bureau of Indian Standard, IS:11592-2000].

O gráfico acima mostra que, à medida que a inclinação aumenta, o valor do fator de inclinação diminui, sendo o valor do fator de inclinação de 1,0 quando o terreno é relativamente plano.

3.6. Requisitos de energia

A secção transversal da correia transportadora é mostrada na figura .16.

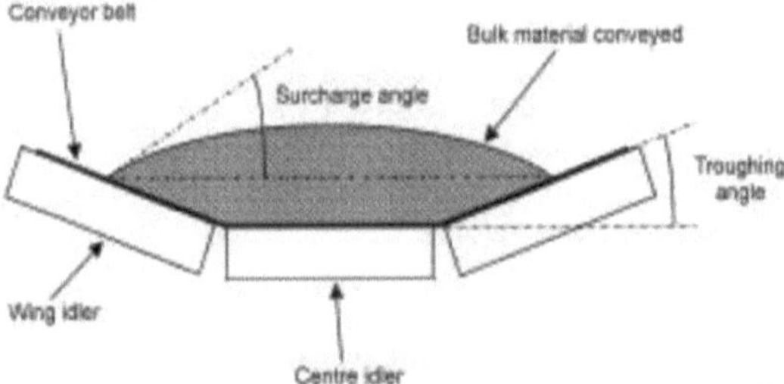

Figura 16: Secção transversal de uma correia transportadora. [Patrick, McGuire, 2010].

Os elementos básicos de um transportador de correia são apresentados na figura 1. No entanto, a conceção de um transportador pode ser muito mais complicada e incluir cargas em vários pontos, mudanças de inclinação, secções de descida e accionamentos múltiplos. A necessidade de potência depende da tensão da correia, da velocidade da correia e da capacidade da correia. A necessidade de potência de um transportador de correia pode ser determinada utilizando a seguinte fórmula, tal como indicado no Bureau of Indian Standard BIS: 11592-2000.

Potência necessária (P) = (Tb x v) ÷ 1000

Onde,

P = Potência necessária em kW

Tb= Tensão da correia, em N.

v = Velocidade da correia transportadora em m/seg2.

3.7 Tensão da correia

A tensão da correia pode ser determinada pela utilização da fórmula especificada no Bureau of Indian Standard, I.S: 11592-2000.

$$Tb = \alpha \times f \times L \times g \times [2 \times mi + (2 \times mb + mm) \times \cos(\delta)] + (H \times g \times mm) + Rsp1 + Rsp2$$

Onde,

Tb está em newton.

∞ = Coeficiente do transportador de correia que depende do comprimento da correia, o valor de a pode ser obtido a partir do gráfico que é dado na figura 5.17.

f = Coeficiente de atrito.

= 0,020, é um valor de base para transportadores de correia normalmente alinhados; e

= 0,012, é um valor de base para os transportadores em declive que necessitam de um motor-freio

L = Comprimento do transportador em metros. O comprimento do transportador é aproximadamente metade do comprimento total do tapete.

g = Aceleração devida à gravidade = 9,81 m/s^2

mi = Carga devida às polias em kg/m.

- A carga devida às polias (mi) pode ser calculada do seguinte modo mi = (massa de um conjunto de polias) / (espaçamento entre polias).

mb = Carga devida à correia em kg/m.

* A carga devida à correia (mb) pode ser calculada do seguinte modo mb = peso da correia/comprimento da correia.

mm = Carga devida aos materiais transportados em kg/m.

- A carga devida ao material do transportador (mm) pode ser calculada da seguinte forma mm= Capacidade do tapete/ Velocidade do tapete.

δ = Ângulo de inclinação do transportador em graus.

H = Altura vertical do transportador em metros.

Rsp1= resistências principais especiais em Newton e depende de:

    a) Resistência ao arrastamento devida à inclinação para a frente da polia na direção do movimento da correia, e

    b) Resistência devida à fricção contra as abas da calha ou as placas de saia, quando estas estão presentes em todo o comprimento da correia.

Rsp2 = resistência secundária especial em N composta por:

    a) Resistência devida à fricção com os limpadores de correia e polia,

    b) Resistência devida ao atrito com as abas da calha ou com as placas de saia, quando presente numa parte do comprimento do transportador,

    c) Resistência devida à inversão do cordão de retorno à correia,

O valor de Rsp1 e Rsp2 é muito pequeno, pelo que pode ser negligenciável quando a correia está a ser mantida corretamente e em estado estacionário.

O gráfico do coeficiente de correia Vs comprimento do transportador é apresentado na figura 17.

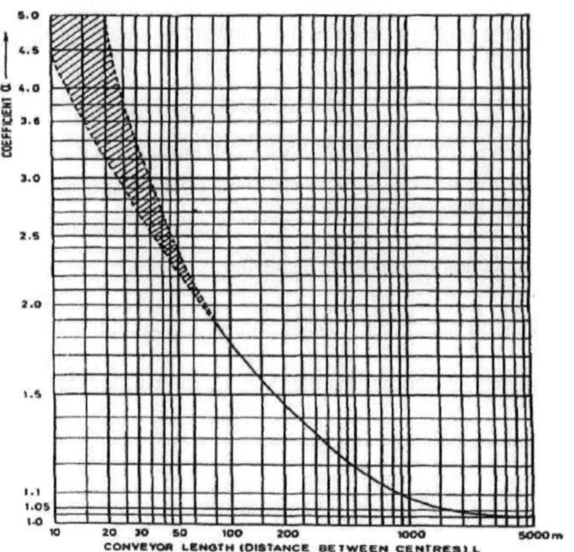

Figura 17: Gráfico do coeficiente da correia em função do comprimento do transportador. [Bureau of Indian Standard I.S:11592-2000].

3.8 Tensão da correia durante o arranque do sistema:

Inicialmente, durante o arranque do sistema de transporte, a tensão na correia será muito mais elevada do que a tensão em estado estacionário. A tensão da correia durante o arranque pode ser calculada como:

Tbs = Tb x Ks ,Onde,Tb = a tensão da correia em estado estacionário em N.

Ks = o fator de arranque.

<u>Dimensionamento do motor</u>

A potência mínima do motor pode ser calculada como:

Pm = Pp/Kd

Onde,

Pm está em kW.

Pp = a potência na polia motriz em kW.

Kd = Eficiência do acionamento.

<u>Aceleração da correia</u>

A aceleração da correia transportadora pode ser calculada como:

$$A = (Tbs - Tb)/ [L \times (2 \times mi + 2 \times mb + mm)]$$

Onde,

A está em m/seg.^{2}

Tbs = a tensão da correia no arranque em N.

Tb = Tensão da correia em estado estacionário em N.

L = Comprimento do transportador em metros.

mi = Carga devida às polias em kg/m.

mb = Carga devida à correia em kg/m.

3.9 Resistência à rutura da correia

Este parâmetro determina a seleção da correia transportadora. A resistência à rutura da correia pode ser calculada da seguinte forma

$$Bs = (Cr \times Pp)/(Cv \times V)$$

Onde,

Bs = resistência à rutura da correia em N.

Cr = Fator de atrito

Cv = Fator de perda de resistência à rutura

Pp = Potência na polia motriz em kW.

V = Velocidade da correia em m/seg.

Capítulo 4

4. Validação dos parâmetros de projeto de um transportador de correia.

4.1. Cálculo dos parâmetros de projeto do transportador de correia (Tb4), utilizado na mina de carvão de Sarpi da Eastern Coal Field Limited.

Dados de entrada:

Capacidade do transportador (Cc) = 760 te/h = 211,11 kg/seg

Velocidade da correia (V) = 2,3 m/s.

Altura do tapete rolante (H) = 54 m.

Comprimento do tapete rolante (L) = 425 m

Massa de um conjunto de polias = 24 kg

Espaçamento das polias (l') = 1 m.

Carga devida à correia (mb) = 23 kg/m.

Ângulo de inclinação do transportador (5) = 12,8 ^{0}

Coeficiente de atrito (f) = 0,02

Fator de arranque (Ks) = 0,12

Eficiência de acionamento (Kd) = 0,65

Fator de atrito (Cr) = 0,18

Fator de perda de resistência à rutura (Cv) = 0,70.

g = Aceleração devida à gravidade = 9,81 m/s $.^2$

A potência do motor é de 300 kW. Foram utilizados dois motores, cada um com 150 kW.

A tensão da correia no momento do arranque do transportador é de 8 kN.

A resistência à rutura da correia é de 16 kN.

A densidade do carvão transportado é de 1,3 kg/m.[3]

A largura da correia é de 1200 mm.

4.2. Cálculo da área de carga

A figura 6.1 apresenta um esquema da área de carga da correia

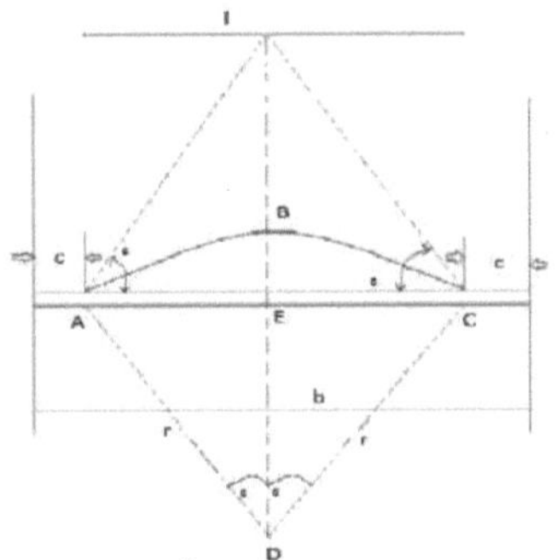

Figura 18: Área de carga da correia

Na figura 18, os símbolos utilizados são os seguintes

a=Sobrecarga angular (em graus)= 25°.

b=Largura da correia (em polegadas) = 1200 milímetros= 47,24 polegadas.

c=Distância padrão do bordo= 0,055b+0,9

r=Raio do arco de sobrecarga.

As=Área de sobrecarga.

Assim, a área de carga do transportador de correia será

$$As = \left(\frac{(0.890b-1.8)^2)}{(2\sin\alpha)^2}\right) \times \left(\frac{\pi\times\alpha}{180°} - \frac{\sin 2\alpha}{2}\right) \text{ inch}^2$$

$$As = \left(\frac{(0.890\times47.24-1.8)^2}{(2\sin 25°)^2}\right) \times \left(\frac{\pi\times25}{180°} - \frac{\sin 50°}{2}\right) \text{ inch}^2$$

$$As = (2267.01 \times 0.0533) \text{ inch}^2$$

$$As = 120.83 \text{ inch}^2.$$

$$As = 779.55 \text{ cm}^2.$$

$$As = 77955 \text{ mm}^2.$$

4.3 Capacidade da correia

A capacidade da correia é estimada utilizando a norma BIS 11592 (BIS 2000).

$$C = 3600 \text{ p As V K}$$

Onde

C = A capacidade do tapete em te/hora,

p = Densidade do material transportado em tonelada por metro cúbico= 1,3 kg/m^3

As =Área da secção transversal ou área de carga da correia em metros quadrados = 77955 mm^2 =0,078 m^2

V = Velocidade da correia em metros por segundo=2,3 m/s.

K= Fator de inclinação =0,93 para uma inclinação de 12 graus (do quadro 5.9).

Assim, a capacidade do tapete rolante (C) = 3600 x 1,3 x 0,078 x 2,3 x 0,93 te/hora.

$$C = 780,8 \text{ te/ h.}$$

4.4 Tensão da correia

$$Tb = \alpha \times f \times L \times g \times [2 \times mi + (2 \times mb + mm) \times cos\,(\delta)] + (H \times g \times mm) + Rsp1 + Rsp2$$

A tensão da correia é calculada utilizando a norma BIS 11592 (BIS 2000)
Onde

mi=Carga devida às polias em kg/m.

mi = (massa de um conjunto de polias) / (espaçamento entre polias).

mb = Carga devida à correia em kg/m.

mb = peso do cinto/comprimento do cinto.

mm = Carga devida aos materiais transportados em kg/m.

mm= Capacidade da correia/ Velocidade da correia.

O valor da resistência especial Rsp1 e Rsp2 é muito pequeno, pelo que o valor de Rsp1 e Rsp2 pode ser negligenciado, pelo que a tensão da correia é

$$Tb = \alpha \times f \times L \times g \times [2 \times mi + (2 \times mb + mm) \times cos\,(\delta)] + (H \times g \times mm)\ newton.$$

Carga devida às polias (mi) = 24/1 =24 kg/m.

Carga devida à correia (mb) = 23 kg/m.

Carga devida aos materiais transportados (mm) = 211,11/2,3 =91,786 kg/m.

Depois, a tensão da correia

Tb = 1,21 x 0,02 x 425 x 9,81 x [2 x 24 + {2 x 23 + 91,786} x cos (12,8°)] + (54 x9,81 x 91,786) = 67022,277 N.

4.5 Para calcular a potência na polia motriz, vamos

Pp = (67022,277 x 2,3)/ 1000 = 154,15 kW

4.6 Utilizaremos a estimativa do tamanho do motor:

$$Pm = 154,15 / 0,65 = 237,156 \ kW$$

4.7 A potência real do motor deve ser superior em 20% à potência estimada do motor

Assim, a potência real do motor = 237,156 x 1,2 = 284,586 kW

4.8 A tensão da correia durante o arranque do sistema será de

$$Tbs = 0,12 \ x \ 67022,277 = 8042,64 \ N = 8,04 \ kN.$$

4.9 Por último, vamos determinar a resistência à rutura da correia:

$$Bs = \frac{(0.18 \times 154150)}{(0.70 \times 2.3)} \ N/mm$$

$$= 17234.73 \ N/mm$$

$$= 17.234 kN/mm.$$

4.10 Determinação da tensão da correia e da potência do motor utilizando o método de programação C.

Os valores teóricos dos parâmetros de conceção também podem ser determinados com a ajuda de programação de software, como mostra a figura 19.

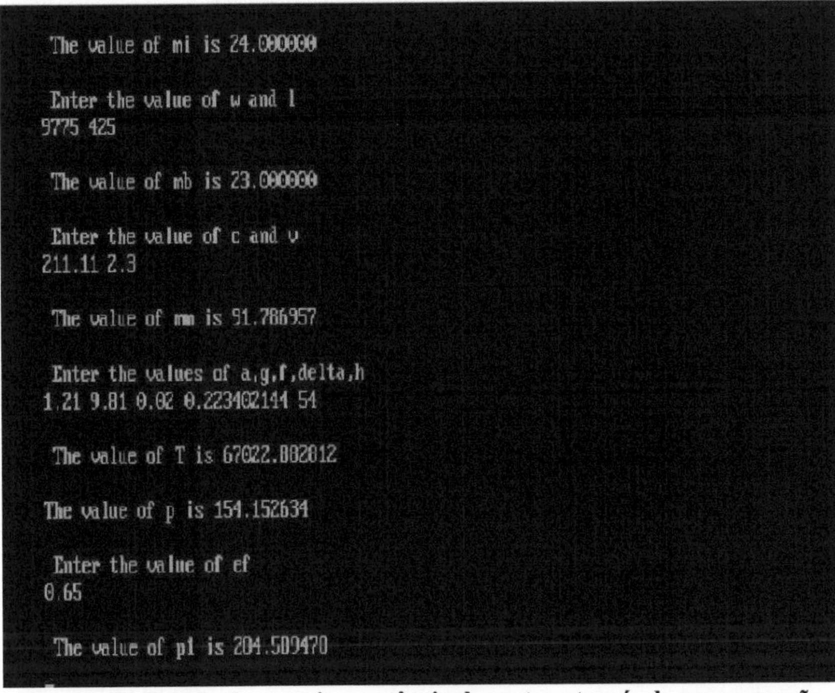

Figura 19: Tensão da correia e potência do motor através de programação informática

A figura anterior mostra claramente que o valor teórico e o valor obtido através da programação informática são iguais.

4.11 Comparação do valor teórico dos parâmetros de projeto com o valor de campo ou o valor prático.

O valor teórico e o valor obtido no campo são comparados na tabela

Item	Theoretical Value	Practical Value	Analysis
Capacity	780.8 te/ hr.	760 te/ hr.	The values are almost same. Here the theoretical value is slightly more than the practical value. So in practical value may be increased up to 780 te/ hr.
Motor Power	$284.586\,kW$	2×150 kW	The theoretical value of motor power are slightly differ from the practical value of motor power because we neglecting the
			special resistances. If we consider the special resistances than more accurate value of motor power can be obtain.
Belt Tension while starting the system	8.04 kN.	8 kN.	Both the values are almost same.

Tabela 10: Comparação dos valores teóricos dos parâmetros de projeto com os valores de campo.

Neste caso, o valor teórico da capacidade da correia é de 780,8 toneladas por hora e, na prática, a capacidade da correia transportadora é de 760 toneladas por hora. O que é quase igual, e a capacidade prática da correia transportadora pode ser aumentada até 780,8 toneladas por hora. O valor teórico da potência do motor é de 284,586 kW. Mas, na prática, são utilizados 150 kW X 2 motores. Ou seja, 300 kW. Assim, o valor teórico da potência do motor é quase igual ao valor prático. Os valores teóricos da potência do motor são ligeiramente diferentes dos valores práticos da potência do motor porque consideramos que os valores das resistências especiais são negligenciáveis. Se considerarmos a resistência especial, podemos obter o valor exato. Os valores teóricos da tensão da correia durante o arranque do sistema são 8 kN. Este valor é igual ao valor prático. A resistência à rutura da correia é de 16 kN na prática, mas os valores teóricos são de 17,23 kN. Por conseguinte, os valores teóricos de todos os parâmetros de conceção são quase iguais ao valor prático que é obtido no terreno.

Referências

1. Alspaugh M.A. 2004, *"Latest Development in Belt Conveyor Technology"*, MINExpo, 27 de setembro, Las Vegas, NV, EUA. Disponível em <http: //www.overlandconveyor. com/pdf/latest%20developments%20in%20belt%20conveyor%20technolog y.pdf>. [Último acesso em 16 de janeiro de 2014].

2. Alspaugh M.A. Bailey R.O. 1996, *"BulkMaterial Handling by Conveyor Belt"*, Sociedade de Mineração, Metalurgia e Exploração, Inc. Capítulo 18, 1 de março, Lakewood, Colorado.

3. Amankwah A. Aldrich C. 2012, *""Estimativa online automatizada de finos em minério em Conveyer Belt Using Image Analysis"*, Conferência Internacional sobre Controlo Industrial e Engenharia Eletrónica, Perth, Austrália.

4. Ananth K.N.S. Rakesh V. Visweswarao P. 2013, *"Design and Selecting The Proper Conveyor-Belt"*, Vol. IV, International Journal of Advanced Engineering Technology, abril-junho, pp-43-49. Disponível em <http: //www.technicalj ournalsonline.com/ij eat/ VQL%20IV/IJAET%20VQL%20IV%20ISSUE%20II%20APRIL%20JUNE %202013/Vol%20IV%20Issue%20II%20Article%2012.pdf>. [Último acesso em 14 de outubro de 2013].

5. Antoniak J. 2001, *"Resistances to the Motion in Mining Belt Conveyors"*, Rocnik Editora, 14 de agosto, Polsko, pp-151. Disponível em <http: //actamont.tuke .sk/pdf/2001/n2/ 8antoniak.pdf > [Último acesso em 18 de fevereiro de 2014].

6. Archer N.F. 1999, *"Input Station for Belt Conveyor"*, United States Patent, Jul. 27, Estados Unidos ,Disponível a partir de <http://www.google.com/patents/US5927478> [Último acesso em 18 de fevereiro de 2014].

7. Bhandari V.B. 2003, *"Design of Machine Element"*, oitava edição, Tata McGraw HillPublishingCompany. Disponível a partir de <http://www.mvjce.edu.in/courses/courseContent/Mechnical/MVJCE ME 6 Sem.pdf> [Último acesso em 16 de janeiro de 2014].

8. Bremhorst J. 2012, *"Belt Conveyors and Mining"*, Publicação prévia, Estados Unidos Patente, 10 de abril , Estados Unidos , disponível em <http://www.google.com/patents/US8151968> [Último acesso em 14 de fevereiro de 2014].

9. Bryson T. 1952, *"MiningMachinery"*, terceira edição, Sri ISAAC Pitman and Sons, Ltd, Londres. pp-293-296.

10. Gabinete de Normas Indianas. 1987. *"Especificação para conjuntos de polias e polias para correias Transportador. IS:8598-1987"*. Bureau of Indian Standards, Nova Deli.

11. Bureau of Indian Standards. 2000, *"Selection and Design of Belt Conveyors, Código de Conduta. IS: 11592-2000"*. Gabinete de Normas Indianas, Nova Deli.

12. Conveyor Equipment Manufacturers Association (CEMA), *"Belt Conveyors for Bulk Materials"*, Chaners Publishing Company, Quinta edição, Capítulo 6.

13. Costanzo M.B. 2002, *"Modular Roller-Top Conveyor Belt with Obliquely-Arranged Rollers "*, Prior Publication, 17 de dezembro, Estados Unidos, Disponível em < http://www.google.com/patents/US6494312> [Último acesso em 18 de fevereiro de 2014].

14. Das J.B.K. Murthy S.P.L. 2001, *"Design of Machine Element"*, Part-II, Sapna Book House, terceira edição, Bangalore, Índia.

15. Deshmukh D.J, 2010 *"Element of Mining Technology"*, *Vol.3,* Sétima edição. Denett e Co. Nagpur, Índia.

16. Fenner Dunlop, 2009, *"Conveyor Handbook Conveyor Belting"*, Fenner Dunlop, Austrália. Disponível a partir de <http: //www2. hcmuaf.edu. vn/data/dangnh/file/5 Fenner%20Dunlop %202009_%20Conveyor%20Handbook.pdf> [Último acesso em 27 de março de 2014].

17. Giraud L. Masse S. Schreiber L. 2004, *"Belt Conveyor Safety, Under-Standing the Hazard"*, Personal safety, novembro, pp-20-26, Disponível em <http:// www.hse.gov.uk/research/hsl_pdf/2006/hsl0683.pdf>. [Último acesso em 14 de outubro de 2013]

18. Guan Y. Zhang J. Shang Y. Wu M. Liu X. 2008, *"Embedded Sensor of Forecast Conveyer Belt Breaks"*, Fifth International Conference on Fuzzy Systems and Knowledge Discovery, IEEE, junho, Pequim, China.

19. Gurjar R.S. 2012, *"Failure Analysis of Belt Conveyor System"*, Volume 2, International Journal of Engineering and Social Science, outubro, MITS CollegeGwalior (M.P.), India. Availablefrom< http://gjmr.org/IJESS/vol2issue10/2.pdf.> [Último acesso em 12 de fevereiro de 2014].

20. Haines M. 2007, *"Development of a Conveyor Belt Idler Roller for Light Weight and Low Noise"*, The University Of South Wales, junho. pp-1-6. Disponível em <http://www2.mech.unsw.edu.au/BET files/live/766DC3B2BB8F361B5A6 39915CA77D558.pdf.> [Último acesso em 02 de fevereiro de 2014].

21. Hastie D.B. 2010, *"Belt Conveyor Transfers: Quantificação e modelação Mechanisms of Particle Flow"*, Tese de Doutoramento em Filosofia, School of Mechanical, Materials And Mecha-Tronic Engineering, University of Wollongong. Disponível em<http://ro.uow.edu.au/theses/3094/> [Último acesso em 16 de janeiro de 2014]

22. Inoue T. Ishii Y. Igarashi K. Takagi H. Muneta T. Imaoka K. 2006, *"Conveyer Belt Model to Analyze Cycle Time Conditions in a Semiconductor Manufacturing Line"*, IEEE, 25-27 de setembro, Tóquio, Japão, pp- 74-77.

23. Juan Z. 2011, *"The Calculation of Uphill Belt Conveyer Catcher"*, IEEE, China, pp- 766.

24. Kaku L.C. 2010, *"The Coal Mines Regulations 1957"*, Lovely Prakashan, Dhanbad. pp-123.

25. Lodewijks G. 1996, *"Two Decades Dynamics of Belt Conveyor Systems"*, Delft Universidade de Tecnologia, Holanda. Disponível em <http://www.saimh.co.za/beltcon/beltcon11/beltcon1101.htm> [Último acesso em 28 de fevereiro de 2014].

26. Lucas J. Thabet W. Worlikar P. 2007, *"Using Virtual Reality (Vr) To Improve Conveyor Belt Safety in Surface Mining"*, Department of Building Construction, Virginia Tech, Blacksburg, EUA, pp-432-433, Disponível em <http://itc. scix.net/d ata/works/att/w78-2007-065-023-Lucas.pdf.>[Last acedido em 14 de fevereiro de 2014]

27. Mao Q. Ma H. Zhang X. Zhang D. 2011, *"Research on Magnetic Signal Extracting and Filtering of Coal Mine Wire Rope Belt Conveyer Defects "*, IEEE, Third International Conference on Measuring Technology and Mechatronics Automation, China. pp- 1-2.

28. Mathews. 2001, "Belt Conveyor", publicação da FKI Logistex, Cincinnati, Ohio.

29. Michalik P. Zajac J. 2012, *"Utilização de um sistema integrado de computador para ensaios estáticos of PipeConveyer Belts"*, Departamento de Tecnologia de Fabrico, IEEE, Eslováquia, pp- 480.

30. Miyake D.I. 2006, *"The Shift from Belt Conveyor Line to Work-cell Based Assembly Systems to Cope with Increasing Demand Variation and Fluctuation in The Japanese Electronics Industries"*, CIRJE, janeiro, Tóquio

Japão. Disponível a partir de<http://www.cirje.e.u-tokyo.ac.jp/research/dp/2006/2006cf397.pdf.> [Último acesso em 16 de janeiro de 2014].

31. Palmaer. E.K, Palmaer. K.V. 1990, *"Correias transportadoras de plástico de baixa tensão System"*, United States Patent, 20 de fevereiro, Estados Unidos. Disponível em< http://www.google.com/patents/US4901844> [Último acesso em 18 de fevereiro de 2014].

32. Patrick M. McGuire P.E. 2010, *"Aplicação, Seleção e Integration"*, CRC Press Taylor & Francis Group, Londres, New Work.

33. Popa G.N. Popa I. Dinis C.M. lagar A. 2010, *"Determining Start Time for Three-Phase Cage Induction Motors that Drive Belt Transport Conveyers"*, 12ª Conferência Internacional sobre Otimização de Equipamento Elétrico e Eletrónico, Hunedoara, Roménia, pp- 447.

34. Ray S. 2008, *"Introduction to Mineral Handling"*, New Age International (P) Limited, Publishers, Índia. pp- 59.

35. Roberts M.A. Tonkin D.C. 1999, *"Method of Providing Temporary Support For An Extended Conveyor Belt"*, United States Patent, 17 de agosto de Estados Unidos. Disponível em <http://www.google.com/patents/US5938004> [Último acesso em 18 de fevereiro de 2014].

36. Roux G.G.L. 2008, *"Aumento da eficiência do sistema de transporte por correia transportadora 4 Belt Lonmin"*, The Journal of The Southern African Institute of Mining and Metallurgy, template Journal, abril, Southern African, pp-189-197, Disponível em <http://www.saimm.co.za/Journal/v_108n04p189.pdf.> [Último acesso em 18 fev. 2014].

37. Salama A. 2013, *"Otimização utilizando simulação de eventos discretos e programação inteira mista: aplicação em sistemas de transporte para minas subterrâneas profundas"*, Tese de Licenciatura. University Tstryckeriet, Lulea, pp 20- 21, Disponível em < http://pure.ltu.se/portal/en/publications/optimization-using-discrete-event- simulation-and-mixed-integer-programming-application-on-haulage- systems-for-deep-underground-mines(6ee8b71c-73be-486c-9e0d-7b8ced799072).html > [Último acesso em 18 de fevereiro de 2014].

38.Serpil K. Gerdemeli I. Cengiz C. 2012, *"Analysis of Belt Conveyor Using Finite*

Element Method", Arquivo, Turquia. pp-186. Disponível em
<http://meching.com/journal/Archive/2012/11/186_Kurt.pdf>.[Último
acedido em setembro. 16, 2013].

39. Singh R.D. 1997, *"Principles and Practices of Modern Coal Mining",* New Age
International Publisher, Índia. pp-605.

40. Vanamane S.S. Mane P.A. Inamdar K.H. 2011, *"Conceção e sua verificação
of Belt Conveyor System used for Cooling of Mould using Belt Comp Software",*
Volume-1, Issue-1, International Journal of Applied Research in Mechanical
Engineering, Walchand College of Engineering, Sangli   (Maharashtra).   Pp-
48.   Availablefrom<
http://interscience.in/UARME Vol1Iss1/paper10.pdf>. [Último acesso em 13 fev.
2014].

41. Wang S. Guo W. Chan R. Lingand L.I. Fang F. 2010, *"Research on belt conveyor
monitoring and control system ",* Heheitangshan Publisher, China. pp- 32.

42. Yardley E.D. Stace L.R. 2008, *"Belt Conveying of Minerals",* Wooden
Publishing Limited, Cambridge, Inglaterra.

Referência Web

1. http: //www.brighthubengineering.com/manufacturing-technology/83 551 -onsite-
calculations-for-conveyor-belt-systems/.

2. http://www.abc-
industrigummi .dk/User_files/c89d7 d 19ebbcd7 ff13 c2b 1308131b011.pdf.

3. http://www.vulkan. com/fileadmin/DriveT ech/DRIVE_SOLUTIONS_F OR_BEL
T_CONVEYORS__STACKERS_AND_RECLAIMERS__EN.pdf.

4. http://www.conveyusa.com/Belt-Conveyor-Catalog.pdf.

More
Books!

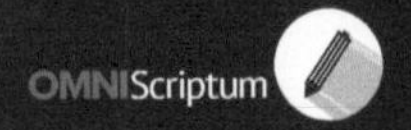

info@omniscriptum.com
www.omniscriptum.com
OMNIScriptum

Printed by Books on Demand GmbH, Norderstedt / Germany